Riddhi Patel
Yogesh Jasrai

Propriedades medicinais antioxidantes de algumas especiarias e extractos de ervas indianas

Riddhi Patel
Yogesh Jasrai

Propriedades medicinais antioxidantes de algumas especiarias e extractos de ervas indianas

Imprint

Any brand names and product names mentioned in this book are subject to trademark, brand or patent protection and are trademarks or registered trademarks of their respective holders. The use of brand names, product names, common names, trade names, product descriptions etc. even without a particular marking in this work is in no way to be construed to mean that such names may be regarded as unrestricted in respect of trademark and brand protection legislation and could thus be used by anyone.

Cover image: www.ingimage.com

This book is a translation from the original published under ISBN 978-3-659-86190-1.

Publisher:
Sciencia Scripts
is a trademark of
Dodo Books Indian Ocean Ltd. and OmniScriptum S.R.L publishing group

120 High Road, East Finchley, London, N2 9ED, United Kingdom
Str. Armeneasca 28/1, office 1, Chisinau MD-2012, Republic of Moldova, Europe
Printed at: see last page
ISBN: 978-620-8-35065-9

Prefácio

Os antioxidantes são os compostos capazes de atrasar, retardar ou impedir os processos de oxidação. Os óleos essenciais e outros metabólitos secundários de plantas (PSMs) de muitas plantas, além de terem um aroma forte e agradável, possuem propriedades antioxidantes bioactivas. Encontramos uma variedade de antioxidantes que eliminam radicais livres em fontes alimentares como frutos, legumes, ervas aromáticas, especiarias, etc. Os constituintes antioxidantes à base de plantas actuam como eliminadores de radicais e ajudam a converter os radicais em espécies menos reactivas. O papel antioxidante dos princípios aromáticos também tem efeitos medicinais e, assim, quando incluídos na dieta regular, contribuem para a saúde a longo prazo, reduzindo o risco de doenças crónicas e degenerativas e prevenindo os danos celulares.

O presente trabalho de investigação é um esforço para descobrir os benefícios para a saúde associados ao consumo de especiarias e ervas aromáticas e o seu papel antioxidante/anti-radicalar no nosso organismo. Na presente investigação, foi analisada a capacidade antioxidante dos extractos de hexano de um total de quinze ervas aromáticas e especiarias indianas. O ensaio de rastreio da atividade antioxidante implementado no presente estudo foi a estimativa do teor total de fenóis (TCP) utilizando o método Folin-Ciocalteau.

O resultado da presente investigação mostrou a presença de uma excelente atividade antioxidante entre todos os extractos de plantas analisados. Foi registada uma boa quantidade de %TPC nos extractos hexânicos das plantas *Trachyspermum ammi* 0,7147 ± 0,0836, *Ocimum sanctum* 0,2666 ± 0,0071, *Myristica fragrans* 0,1859 ± 0,0116, *Foeniculum vulgare* 0,0865 ± 0,0061, *Anethum sowa* 0,0675 ± 0,0082, *Cuminum cyminum* 0,0657 ± 0,0034 e *Illicium verum* 0,0481 ± 0,0023 GAE.

Palavras chave: Extractos de plantas, óleos essenciais, antioxidantes, radicais livres, doenças crónicas e degenerativas

Índice

Stress oxidativo no sistema vivo:

Durante os processos metabólicos oxidativos ou normais, são gerados no organismo, como subprodutos, compostos de radicais livres altamente reactivos e instáveis. Os radicais livres são moléculas com um único eletrão desemparelhado, pelo que são altamente reactivos por natureza. Num sistema vivo, os radicais livres são constantemente produzidos na membrana celular e perto dos organelos celulares. Estes resultam frequentemente em stress oxidativo e, consequentemente, em danos significativos em vários metabolitos e tecidos. Os radicais livres podem iniciar reacções em cadeia que conduzem a danos nas estruturas celulares, como os lípidos da membrana (peroxidação lipídica), as proteínas, as enzimas e os ácidos nucleicos, etc. (Sharma *et al.,* 2013). O stress oxidativo é uma condição desequilibrada, em que quantidades excessivas de espécies reactivas de oxigénio (ROS) ou de espécies reactivas de azoto (RNS), como o radical hidroxilo, o anião superóxido, o peróxido de hidrogénio, o peroxinitrito, etc., conduzem à oxidação de enzimas, proteínas, lípidos e ácidos nucleicos (Dai e Mumper, 2010).

Eventualmente, esta condição resulta no desenvolvimento de várias doenças. Num sistema vivo, o stress oxidativo pode induzir muitas doenças crónicas e degenerativas, como o envelhecimento, a diabetes mellitus, o cancro, a imunossupressão, a aterosclerose, a doença isquémica do coração (deformidade de reperfusão cardíaca), doenças neurodegenerativas (doença de Alzheimer) e doenças inflamatórias do intestino, doenças renais e fibrose, etc. Para atenuar este tipo de situação, são utilizadas formulações de suplementos alimentares à base de plantas (Narayanaswamy e Balakrishnan, 2011).

Os antioxidantes são as moléculas que podem terminar as reacções em cadeia induzidas pelos radicais livres e inativar as espécies de oxigénio, evitando assim os danos oxidativos nas células. Vários alimentos vegetais conferem benefícios para a saúde, mantendo um equilíbrio entre oxidantes e antioxidantes no organismo. Vários estudos relataram um número de plantas medicinais, especiarias, ervas aromáticas e outras plantas que possuem metabolitos secundários antioxidantes como taninos, fenóis, polifenóis, terpenóides, flavonóides, tocoferóis, carotenóides e ácido ascórbico (vitamina C), etc. Estes metabolitos proporcionam benefícios para a saúde e também previnem o aparecimento de doenças degenerativas como o cancro, as doenças cardiovasculares, a diabetes, a hipertensão, o acidente vascular cerebral, a síndrome metabólica e o envelhecimento (Khalaf *et al.*, 2008).

Muitos constituintes vegetais antioxidantes exercem efeitos protectores contra o stress oxidativo em sistemas biológicos. Bioquimicamente, o ácido ascórbico, os carotenóides e os compostos fenólicos podem inativar a lipoxigenase e, assim, inibir a peroxidação lipídica, eliminar espécies activas de oxigénio e radicais livres através da propagação de um ciclo de reação e quelar iões de metais pesados (Prakash *et al*, 2009).

Óleo essencial e componentes voláteis - Fonte de Antioxidantes Botânicos:

As plantas são uma fonte rica de uma variedade de metabolitos secundários bioactivos, também designados por princípios activos ou fitoquímicos. Os diferentes grupos de fitoquímicos registados nas plantas são fenólicos, alcalóides, terpenóides, taninos, saponinas, flavonóides, flavonas, glicosídeos, carotenóides, polifenóis, etc. Inicialmente, estes fitoquímicos eram considerados como produtos residuais gerados durante o processo metabólico das células vegetais. Mais tarde, porém, um trabalho rigoroso provou o seu papel no processo de proteção das plantas contra parasitas, como dissuasor de herbívoros, atração de polinizadores, agente antimicrobiano, etc. (Patel e Jasrai, 2009).

As plantas sintetizam óleos essenciais para se protegerem de parasitas, infecções e também o óleo essencial ajuda no processo de cicatrização de feridas. Os óleos essenciais são os metabolitos secundários das plantas aromáticas que incluem o material perfumado presente em qualquer parte da raiz, casca, madeira, semente, fruto, folha e flor ou em toda a planta (Yoo *et al.*, 2008). Os óleos essenciais são constituídos por uma mistura complexa de substâncias orgânicas com diferentes grupos funcionais, como compostos fenólicos com grupos hidroxilo (-OH) e terpenóides voláteis de baixo peso molecular, principalmente mono e sesquiterpenos (Kitazurua *et al.*, 2004; Misharina *et al.*, 2009).

Neutralização de radicais livres:

Os antioxidantes podem interferir com o processo de oxidação reagindo com os radicais livres, quelando metais e actuando também como sequestradores de oxigénio, tanto na forma triplete como na forma singlete, e transferindo átomos de hidrogénio para a estrutura do radical livre (Kitazurua *et al.*, 2004). Os antioxidantes inibem o processo de oxidação, mesmo em concentrações relativamente pequenas, actuando como eliminadores de radicais, eliminadores de oxigénio, na forma triplete e singlete. Possuem diversos papéis fisiológicos no organismo e são fundamentais para uma boa saúde.

Os mecanismos antioxidantes nos sistemas biológicos incluem a extinção direta dos radicais livres para terminar a reação em cadeia dos radicais, a quelação de metais de transição, a atuação como agentes redutores ou a estimulação das actividades enzimáticas antioxidantes (Yoo *et al.*, 2008). Em termos simples, a atividade antioxidante envolve a doação de hidrogénio aos radicais livres no organismo, seguida da formação de um complexo entre um radical lipídico e o radical antioxidante formado em resultado da perda de hidrogénio. Por outras palavras, o radical antioxidante funciona como um aceitador de radicais livres (Aluyor e Ori-Jesu, 2008).

Nas indústrias alimentares, são geralmente utilizados produtos químicos antioxidantes sintéticos para a conservação dos alimentos. Mas estes produtos químicos são prejudiciais para a saúde humana. Assim, os investigadores estão a tentar encontrar fontes seguras e naturais de compostos antioxidantes como conservantes de alimentos (Mirghani *et al.*, 2012; Proestos *et al.*, 2013). Assim, atualmente, existe um interesse crescente em todo o mundo em encontrar novas fontes de compostos antioxidantes à base de plantas (Narayanaswamy e Balakrishnan, 2011). As plantas aromáticas, as especiarias e as ervas aromáticas são fontes ricas de compostos terpenóides, fenóis e polifenóis e, devido às suas propriedades antimicrobianas, podem ser utilizadas para evitar a degradação dos alimentos e como agente conservante.

As ervas aromáticas e as especiarias têm sido utilizadas desde a antiguidade para dar sabor aos géneros alimentícios (Misharina *et al.*, 2009). Muitas plantas aromáticas são importantes do ponto de vista medicinal devido ao seu teor em metabolitos secundários. A sua utilização na dieta regular não serve apenas como fragrância e agentes aromatizantes, mas também como antioxidante dietético.

Os metabolitos secundários das plantas (PSM), como os flavonóides, as isoflavonas, as flavonas, as antocianinas, as cumarinas, os lignanos, as catequinas e as isocatequinas, também possuem propriedades antioxidantes. Para além dos compostos acima referidos presentes nos alimentos naturais, sabe-se que as vitaminas C e E, o β-caroteno e o α-tocoferol possuem potencial antioxidante (Aqil *et al.*, 2006). Os óleos essenciais são uma boa fonte de antioxidantes naturais e úteis em preparações nutracêuticas e farmacêuticas (Mirghani *et al.*, 2012).

Os antioxidantes são compostos que protegem as células contra as moléculas de oxigénio reactivas ou radicais livres no organismo. Os antioxidantes são um inibidor do processo de oxidação, mesmo em concentrações relativamente pequenas e, por conseguinte, têm um papel fisiológico diversificado no organismo (Mandal *et al.*, 2009).

Assim, nas últimas décadas, tem havido um grande interesse na seleção de óleos essenciais e de vários extractos de plantas para obter antioxidantes naturais com acções de largo espetro (Wu *et al.*, 2009). No entanto, apesar do enorme valor medicinal das plantas medicinais indianas, a sua rica diversidade ainda não foi cientificamente avaliada no que respeita a essas propriedades.

Fenóis de plantas:

Os fenólicos são os metabolitos secundários mais abundantemente distribuídos no reino vegetal. Os fenólicos são também os principais constituintes de vários frutos, legumes, cereais, leguminosas e várias bebidas. Atualmente, são conhecidas 8000 estruturas fenólicas diferentes, de simples a polimerizadas. Os compostos fenólicos contêm um ou mais anéis aromáticos com um ou mais grupos hidroxilo e, por conseguinte, devido às suas propriedades redox, são responsáveis pela atividade de eliminação de radicais (Prakash *et al.*, 2009). Assim, a identificação e o desenvolvimento de compostos fenólicos a partir de diferentes plantas é atualmente uma prioridade de investigação.

No presente estudo, também se procurou determinar a %TPC relativa nas especiarias e plantas aromáticas de uso corrente (Quadro 1, 2). No total, quinze plantas indianas foram selecionadas para o estudo, os extractos foram preparados e analisados quanto à atividade antioxidante utilizando protocolos normalizados (Figura 1). Este estudo pode ajudar a compreender os seus efeitos benéficos e a importância de as incluir na nossa alimentação diária. Não só dão sabor aos alimentos, como também, devido ao seu rico conteúdo em componentes antioxidantes, protegem o corpo dos radicais livres nocivos.

É provável que os antioxidantes previnam várias doenças crónicas causadas pelos radicais livres, como a ateroscelerose, o cancro, a diabetes, a artrite, a inflamação, os problemas cardiovasculares e os problemas relacionados com o envelhecimento (Kaur e Kapoor, 2001; Apak *et al.*, 2007; Markowicz *et al.*, 2007). Além disso, inibem a deterioração dos alimentos, que é responsável por afetar a qualidade nutricional e o sabor. Os antioxidantes, quando adicionados aos alimentos, evitam a peroxidação lipídica e a deterioração microbiana e funcionam como um agente conservante natural (Singh *et al.*, 2004; Juki *et al.*, 2006). Assim, hoje em dia, as ervas aromáticas e as especiarias têm um grande potencial numa indústria nutricional em crescimento (Samojlik *et al.*, 2010).

Como parte da crescente consciência dos hábitos alimentares, as ervas aromáticas e as especiarias também se estão a tornar uma fonte importante de antioxidantes naturais (Juki *et al.*, 2006). Desde tempos imemoriais que o homem utiliza extractos de plantas para se proteger contra várias doenças e também para melhorar a sua saúde e o seu estilo de vida. Sem dúvida, as plantas servem-nos para vários fins, incluindo saúde, nutrição, beleza ou medicina. Com o desenvolvimento de técnicas e investigações recentes, provou-se que certas substâncias químicas não nutritivas presentes nas plantas, como os terpenóides e os flavonóides, que anteriormente se pensava não terem importância para a dieta humana, possuem propriedades antioxidantes.

Atualmente, as pessoas estão mais conscientes e sensibilizadas para a saúde. Devido aos possíveis efeitos secundários toxicológicos causados pelos aditivos alimentares sintéticos na saúde humana, a tendência geral está a mudar no sentido de reduzir a utilização de aditivos alimentares sintéticos.

Este facto levou a uma expansão da procura de substâncias naturais com propriedades antimicrobianas e antioxidantes e, por conseguinte, valiosas na prevenção de danos celulares, a causa do envelhecimento e das doenças humanas. Para este efeito, os óleos essenciais e os extractos de ervas são amplamente utilizados a nível mundial, uma vez que têm uma composição complexa, contendo constituintes maioritariamente hidrocarbonetos e compostos oxigenados. Com base nestes antecedentes, estão em curso muitos estudos (Singh *et al.*, 2004).

Fenólicos de plantas e sua importância:

Os compostos fenólicos presentes nas especiarias que apresentam propriedades antioxidantes naturais têm sido estudados para substituir os antioxidantes sintéticos, devido aos seus possíveis efeitos secundários que podem, em várias circunstâncias, atuar de forma deletéria (Kitazurua *et al.*, 2004).

Os derivados fenólicos representam o maior grupo conhecido como "produtos secundários de plantas" ou "metabolitos secundários de plantas - PSMs" sintetizados por plantas superiores. Muitos destes compostos fenólicos são essenciais para a vida das plantas, por exemplo, fornecendo defesa contra ataques microbianos e tornando os alimentos intragáveis para os predadores herbívoros. Embora possa ser dada uma definição química precisa para os fenólicos vegetais, esta incluiria inevitavelmente outros compostos estruturalmente semelhantes, como as hormonas sexuais terpenóides.

São frequentemente relatadas actividades antioxidantes, antitumorais, antivirais e antibióticas significativas para os fenóis vegetais. Foram frequentemente identificados como princípios activos de numerosos medicamentos populares à base de plantas. Nos últimos anos, a ingestão regular de frutas e legumes tem sido altamente recomendada, porque se pensa que os fenóis e polifenóis vegetais que contêm desempenham um papel importante na saúde a longo prazo e na redução do risco de doenças crónicas e degenerativas. O reconhecimento dos benefícios que estes produtos naturais trazem à saúde humana incentivou a inclusão na dieta quotidiana de alguns alimentos e bebidas típicos derivados de plantas (Kaur e Kapoor, 2001; Devasagayam *et al.*, 2004; Apak *et al.*, 2007).

Os antioxidantes fenólicos das ervas são compostos principalmente por ácidos fenólicos, alcalóides, polifenóis, fenilpropanóides, flavonóides, isoflavonas, flavonas, antocianinas, cumarinas, lignanas, catequinas, isocatequinas e taninos (Aqil *et al.*, 2006; Yoo *et al.*, 2008; Patel e Jasrai, 2009).

Tabela 1. Detalhes das plantas estudadas

Plantas	Nome comum	Família	Parte da planta utilizada
Anethum sowa Roxb ex Fleming	Endro	Apiáceas	Sementes
Cinnamomum tamala Nees & Eberm	Cássia indiana lignea	Lauraceae	Folhas
Cinnamomum zeylanicum Blume	Canela	Lauraceae	Casca
Citrus sinensis Osbek	Laranja doce	Rutáceas	Casca de frutos
Coriandrum sativum L	Coentros	Apiaceae	Sementes
Cuminum cyminum L	Cominho	Apiaceae	Sementes
Cymbopogon caesius (Nees et	Erva kachi	Poaceae	Folhas

Hook et Arn) Stapf			
***Elettaria cardamomum* (L) Maton**	Cardamomo	Zingiberaceae	Fruta
***Foeniculum vulgare* Mill**	Finnochio	Apiaceae	Sementes
***Illicium verum* Hook f**	Staranise	Illiciaceae	Fruta
***Mentha piperita* L**	Hortelã	Labiatae	Folhas
***Myristica fragrans* Houtt**	Noz-moscada	Myristicaceae	Fruta
***Ocimum sanctum* L**	Basiliscos	Labiatae	Folhas
***Santalum album* L**	Sândalo branco da Índia	Santalaceae	Madeira
***Trachyspermum ammi* (L) Sprague ex Turrill**	Os bispos erva	Apiáceas	Sementes

As plantas são susceptíveis aos danos causados pelo oxigénio ativo e, por isso, desenvolvem numerosos sistemas de defesa antioxidante que resultam na formação de numerosos antioxidantes potentes. Muitas plantas aromáticas, medicinais e de especiarias contêm compostos que possuem fortes componentes antioxidantes confirmados.

Assim, alguns compostos fenólicos presentes nas ervas têm a capacidade de extinguir a peroxidação lipídica, prevenir danos oxidativos no ADN e eliminar espécies reactivas de oxigénio (ROS), como o superóxido, o peróxido de hidrogénio e os radicais hidroxilo. Foi relatado um grande número de estudos utilizando diferentes testes analíticos em ervas individuais em sistemas de solventes hidrofílicos e lipofílicos. No entanto, a informação disponível sobre o estudo comparativo do conteúdo fenólico, as actividades antioxidantes contra o stress oxidativo e as bioactividades das ervas é limitada (Yoo *et al.*, 2008).

Assim, os antioxidantes são amplamente utilizados como aditivos alimentares para fornecer proteção contra a degradação oxidativa dos alimentos pelos radicais livres. Desde tempos antigos, as especiarias adicionadas a diferentes tipos de alimentos para melhorar os sabores são também bem conhecidas pelas suas capacidades antioxidantes (Wu *et al.*, 2009).

Mecanismo de ação:

Durante o metabolismo normal de um sistema vivo, as reacções de oxidação produzem radicais livres que dão início a reacções em cadeia. Os antioxidantes actuam como eliminadores de radicais livres e terminam estas reacções em cadeia, sendo eles próprios oxidados e actuando como agentes redutores. Funcionam doando os seus electrões aos radicais livres, restaurando a estabilidade destas moléculas. Os antioxidantes também podem doar electrões ao ADN ou aos ácidos gordos que perderam um eletrão, neutralizando assim o efeito dos danos causados pelos radicais livres. Existem vários tipos de antioxidantes, alguns são produzidos naturalmente no nosso organismo e outros podem ser obtidos através da alimentação. Estes incluem enzimas antioxidantes, vitaminas e minerais, e alguns compostos bioquímicos (Aluyor e Ori-Jesu, 2008; Nahar *et al.*, 2009).

Os antioxidantes funcionam como dadores de hidrogénio e inibem a formação de radicais alquilo livres ou interrompem a propagação da reação em cadeia dos radicais livres. Interrompem os radicais livres nocivos no organismo e formam um radical estável. Mais precisamente, em termos bioquímicos, funcionam como supressores de oxigénio singlete ou triplete, eliminadores de radicais livres, decompositores de peróxidos, inibidores de enzimas e sinergistas (Kitazurua *et al.*, 2004; Mandal *et al.*, 2009).

Desta forma, ajudam a prevenir várias doenças crónicas e o processo de envelhecimento do corpo, conduzindo assim a um corpo em forma e saudável de uma forma natural. Assim, está em curso a procura de mais fontes de antioxidantes naturais e o aumento da sua utilização. As actividades antioxidantes dos óleos essenciais e das plantas aromáticas são atribuídas principalmente à presença de princípios activos fenólicos e terpenóides e, muitas vezes, ao efeito sinérgico destes princípios activos e de outros metabolitos menores (quadro 1).

Benefícios para a saúde:

Curiosamente, sabe-se que muitas frutas, legumes e ervas aromáticas contêm grandes quantidades de antioxidantes. Muitas propriedades dos produtos vegetais estão associadas à presença de compostos fenólicos, que são essenciais para o desenvolvimento das plantas e desempenham um papel importante nos seus mecanismos de defesa. Podem também ser utilizados no processamento de alimentos como antioxidantes naturais para prevenir a peroxidação lipídica, uma das principais causas de deterioração dos alimentos (Markowicz *et al.,* 2007; Kaur e Kapoor, 2001).

No decurso da investigação dos antioxidantes fenólicos, verificou-se que as suas capacidades antioxidantes estão relacionadas com o número de grupos fenólicos que ocupam posições 1,2 ou 1,4 num anel aromático, bem como com o volume e as caraterísticas electrónicas do substituinte do anel presente. Ao elucidar o mecanismo de inibição oxidativa, é geralmente estabelecido que os anti-oxidantes funcionam como interceptores de oxigénio no processo oxidativo, quebrando assim a reação em cadeia que perpetua o processo (Aluyor e Ori-Jesu, 2008).

Tabela 2. Fitoquímicos activos presentes nas plantas estudadas

Anethum sowa	
	**Constituintes fitoquímicos:** Carvona, apiole, dillapiole, limoneno, dihidrocarvona, eugenol, timol, isoeugenol, p-felandreno, a-selineno, fitol, miristicina, o-cimeno, a-tujeno, pineno, exo-2-hidroxicineol e dihidroumbelulona. **Utilizações:** As sementes de endro são aromáticas, estimulantes, antiespasmódicas, galactogogas, carminativas, estomacais e ligeiramente sedativas e diuréticas. As sementes melhoram o mau hálito, aliviam os espasmos intestinais, as gripes, a flatulência, as perturbações do estômago, os distúrbios gastrointestinais, as cólicas, a tosse, a constipação e a gripe.
Cinnamomum tamala	**Constituintes fitoquímicos:** Fellandreno, cinamaldeído, eugenol, metileugenol, acetato de eugenol, éter metílico de eugenol, canfeno, mirceno, linalol, α- e β-pineno, p-cimeno, limoneno e fenilpropanóides.

Utilizações: Aromático, antibacteriano, antifúngico, adstringente, estimulante, carminativo, antiflatulento, diurético, sedativo, anti-histamínico, antiespasmódico, analgésico, hipoglicémico, hipolipidémico e anti-inflamatório. As folhas são utilizadas para curar a febre, a anemia, a diarreia, as cólicas, a anorexia, os problemas urinários, a secura da boca, a coriza, a espermatorréia, os problemas cardíacos, o reumatismo, as náuseas e os vómitos.

Cinnamomum zeylanicum

Componentes fitoquímicos:

Cinamaldeído, álcool cinamílico, eugenol, acetil-eugenol, metil-eugenol, etil cinamato, di-hidro-eugenol, 1,8-cineol, nerol, geranial, ácido trans-cinâmico, hidroxicinamaldeído, o-metoxicinamaldeído, álcool cinamílico, benzaldeído, α-carifileno, α - pineno, α - e β-phellandrene, p-cymene, catequinas, proantocianidinas oligoméricas, limoneno, α-terpineol e linalol.

Utilizações: A casca é acre, amarga, doce, aromática, tónica geral, anti-séptica, antifúngica, adstringente, desodorizante, estimulante do apetite, emenagoga, afrodisíaca, alexetérica, expetorante, febrífuga e diurética. É útil na bronquite, asma, febre, cefalalgia, odontalgia, doenças cardíacas, uropatia hemorrágica, náuseas e vómitos, diarreia, flatulência, halitose e restaura a cor normal da pele do rosto. O óleo de canela é conhecido como estomacal, carminativo,emenagogo e estíptico.

Citrus sinensis

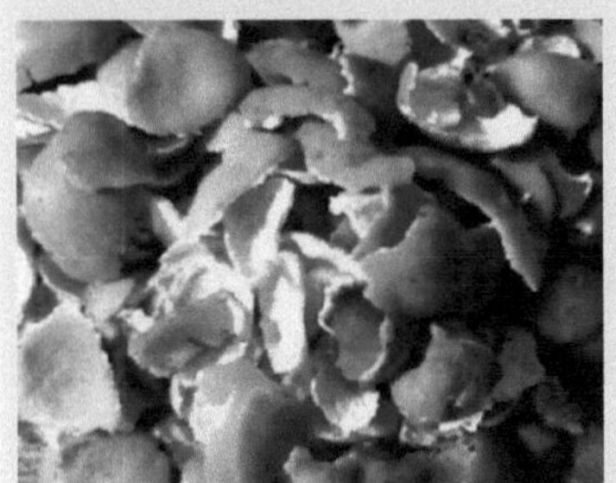

Constituintes fitoquímicos: Limoneno, β-mirceno, c-e γ-terpineno, linalol, α-pineno, apineno, sabineno, α-farneseno, germacreno-D, naringina, hesperidina, rutosídeo, sinensetina, nobiletina, tangeretina, geraniol, furanocumarinas, flavonas polimetoxiladas e hidroxicinamatos.

Utilizações: A casca de laranja é refrescante, tónica, sedativa, antimicrobiana, carminativa, antitóxica, anti-inflamatória, antidepressiva, antiespasmódica, anticarcinogénica, diurética, afrodisíaca e colagoga. O óleo acalma inflamações, sépticas, bronquite crónica, tumores, distúrbios sexuais, depressão, distúrbios emocionais e nervosos.

Coriandrum sativum

Constituintes fitoquímicos: Coriandrol, linalol, coriandrinonediol, α- e β -pineno, α- e γ-terpineno, mirceno, canfeno, m-cimeno, citronelal, citronelol, citral, limoneno, β-felandreno, eucaliptol, borneol,

β-cariofileno, geraniol, sabineno, timol, α-cedreno, α- farneseno, acetato de linalilo, acetato de geranilo, acetato de nerilo, elemol e metil-heptenol.

Utilizações: As sementes são aromáticas, tónicas, refrigerantes, estimulantes, antibacterianas, antifúngicas, antivirais, carminativas, estomacais, espasmolíticas, diuréticas, antiespasmódicas e expectorantes.

Os coentros podem tratar a indigestão, cólicas estomacais, náuseas, flatulência, disenteria, hepatite, febre tifoide, varíola, dores reumáticas, diarreia, úlcera gástrica, hemorragias nas hemorróidas e cólicas.

Cuminum cyminum

Constituintes fitoquímicos: Aldeído de cominho, cuminal, álcool cumínico, limoneno, acetato de geranilo, eugenol, α e β-pineno, perilaldeído, sabineno, c-terpineno, safranal, p-cimeno e β-felandreno.

Utilizações: As sementes são tónicas, antibacterianas, antifúngicas, adstringentes, carminativas, estimulantes do apetite, estomacais, depurativas, antiespasmódicas, antitóxicas, analgésicas, descongestionantes do fígado, afrodisíacas e galactogogas. Cura problemas digestivos como indigestão, flatulência, inchaço, cólicas, dispepsia, diarreia, problemas no peito, tosse, febres, insónias, dores de cabeça, enxaquecas, esgotamento nervoso, dores musculares e osteoartrite.

Cymbopogon caesius

Constituintes fitoquímicos: Carvona, álcool perílico, geraniol, limoneno, metil eugenol, metil isoeugenol e veratraldeído.

Utilizações: As folhas são utilizadas como estimulante, carminativo, antissético e repelente de insectos.

Elettaria cardamomum

Constituintes fitoquímicos: α- e β-pineno, sabineno, mirceno, α- felandreno, limoneno, 1,8-cineol, γ-terpineno, terpinoleno, linalol, acetato de linalilo, terpineno 4-o1, α- terpineol, α- acetato de terpinilo, citronelol, nerol, geraniol, metil eugenol, trans-nerolidol, p-cimeno e acetato de linalilo.

Utilizações: É aromático, purificador do hálito, antissético, estimulante cardíaco, carminativo, estomacal, expetorante, anti-inflamatório, analgésico, antiespasmódico, afrodisíaco, laxante e diurético. O cardamomo pode curar afecções respiratórias agudas, bronquite, anorexia, indigestão, gripe, flatulência, mau gosto, halitose, sede excessiva, náuseas, hemorróidas, dores de garganta, constipações, afecções da cavidade oral e dos dentes, febre, flatulência, cólicas, cálculos biliares e renais.

Foeniculum vulgare

Constituintes fitoquímicos: Fenchona, metil-chavicol, anetol, estragol, α-e β-pineno, canfeno, α-e β-felandreno, mirceno, limoneno, γ-terpineno, cis-ocimeno, terpinoleno, carvacrol, cânfora, borneol, cineol e p-cimeno.

Utilizações: O funcho é carminativo, aromático, expetorante, aperitivo, balsâmico, acalma os nervos, antioxidante, antimicrobiano, antifúngico, restaurador, secretagogo, secretolítico, cardiotónico, antitússico, afrodisíaco, anti-inflamatório, estimulante gástrico, estomacal, diurético, antiespasmódico, broncodilatador, anticancerígeno, antidemência, anti-hirsutismo, antiplaquetário, antitrombótico, hepatoprotector, analgésico, antipirético, emenagogo, estrogénico e galactogogo. Também é utilizada para curar a tosse e a constipação, problemas digestivos, cólicas infantis, doenças de pele, conjuntivite e problemas ginecológicos.

Illicium verum

Constituintes fitoquímicos: Trans-anetol, limoneno, chavicol e anisaldeído.

Utilizações: O fruto é antibacteriano, antifúngico, antioxidante, carminativo,

refrescante do hálito, odontalgico, estimulante, estomacal, digestivo, ligeiramente expetorante e diurético. É tomado internamente no tratamento da tosse, dores abdominais, perturbações digestivas, cólicas e problemas como a lombalgia.

Mentha piperita

Constituintes fitoquímicos: Mentanol, mentona, mentol, isomentol, isomentona, mentósido, isovalerato de mentilo, valerato de mentilo, mirceno, mirtenol, cis- e trans-piperitol, piperitenona, piperitona, piperitoneóxido, limoneno, neomentol, neomentona, viridiflorol, 1,8-cineol, α-amorfeno, α-cadineno, α- e β-copaeno, α - e p-pineno, α -terpineno, α -terpineol, α - e β-thujona, α -tocoferol, anetol, β-betulenol, β-cariofileno, betaína, bicicloelemeno, bisaboleno, canfeno, carvacrol, carveol, carvona, cedreno, cis-sabinol, citronelol, criptona hymenoxina, isorhoifolina, isovaleraldeído, jasmona, lavandulol, linalol, luteolina, octanol, p-cimeno, p-cimol, felandreno, sabineno, salvigenina, terpinoleno, pulegona e timol.

Utilizações: A hortelã-pimenta é pungente, refrescante, ligeiramente amarga, adstringente, estimulante, anti-séptica, antifúngica, febrífuga, antipruriginosa, antiespasmódica, antiemética, carminativa, diaforética, analgésica, descongestionante nasal, anticatarral, rubefaciente, emenagoga, antiulcerosa, colagoga saliente e colerética. A planta pode curar a constipação comum, o intestino irritável, a doença de Crohn e a colite ulcerosa,

afecções da vesícula biliar e das vias biliares, afecções hepáticas, nevralgias, mialgias, dores de cabeça, enxaquecas, varicela, dispepsia não ulcerosa, gastrite, acidez estomacal, náuseas, flatulência, diarreia, indigestão, obstipação, cólicas, gengivite, gengivas inchadas, dores de dentes e hemorragias.

Myristica fragrans

Constituintes fitoquímicos: Macelignana, elimicina, isoelimicina, ácido mirístico, miristicina, malabariconas, safrol, α- e β-pineno, trimiristina, sabineno, canfeno, *p-cimeno*, felandreno, terpineno, limoneno, mirceno, linalol, geraniol, terpineol, pulegona, eugenol, isoeugenol, metoxieugenol, metilisoeugenol, cis-isoeugenol, tujona, cuminol e terpinen-4-ol.

Utilizações: A noz-moscada é uma planta aromática, tónica, estimulante, expetorante, vermífuga, nervina, carminativa, digestiva, adstringente, hipolipidémica, antitrombótica, anti-agregação plaquetária, antifúngica, diurética, antidisentérica, emenagoga, lactágica, afrodisíaca, hipnótica, alucinogénica, antiespasmódica, abortiva e anti-inflamatória. É utilizada como remédio para dores de estômago, vómitos durante a gravidez, reumatismo, inflamações da bexiga e das vias urinárias, febres pestilentas e pútridas, ciática, lepra, asma, doenças cardíacas, perturbações digestivas, flatulência, catarro intestinal, cólicas, doenças renais e doenças linfáticas.

Ocimum sanctum

Constituintes fitoquímicos: Linalol, metil chavicol, cinamato de metilo, eugenol, éter metílico de eugenol, carvacrol, ácido ursólico, β-caroteno, cineol, citronelol, geraniol, mirceno, pineno, ocimeno, terpineol e β-cariofileno.

Utilizações: A planta é amarga, acre, aromática, estomacal, antioxidante, digestiva, demulcente, diurética, expetorante, febrífuga, vermífuga, alexetérica, analgésica, anticancerígena, antiasmática, antiemética, diaforética, anti-helmíntica, antidiabética, antifertilidade, hepatoprotectora, hipotensora, hipolipidémica e anti-stress. É utilizada no tratamento da fadiga intelectual, vómitos, lumbago, febre crónica, hepatite viral, disenteria, hemorragia, dispepsia, bronquite, artrite, convulsões, gastrite, leucodermia, hipertensão, colite, bronquite, constipação, dores de cabeça, otalgia, soluços, oftalmia, gastropatia infantil, perturbações genito-urinárias, hepatopatia, vermes, verminoses e doenças de pele.

Santalum album

Constituintes fitoquímicos: α e ß-santalóis, a e ß-santalal, acetato de santidade, α e ß-santalenos, epi-ß-santaleno, lanceol, triclosantal, trans-ß-bergamoteno, α-curcumina, nuciferol, ciclossantal, santeno, santenol, ácidos α e ß-santálicos, ácidos teresantálicos e ácido cetosantálico.

Utilizações: Calmante, tónico, refrigerante, estimulante, hidratante, estimulante da memória, sedativo, meditativo, desinfetante, antiviral, adstringente, antipirético, expetorante, anti-inflamatório, antiflogístico, antiespasmódico, carminativo, diurético, emoliente, expetorante, hipotensivo, anti-veneno, cardiotónico, hemostático e purificador do sangue. Utilizado para tratar infecções do trato respiratório, relaxante dos nervos, prurido, inflamação da pele, eczema, psoríase, sarna, bronquite crónica, gonorreia, diarreia com sangramento, hemorragia, hemorragia das hemorróidas, vómitos, envenenamento, soluços, fase inicial da varíola, urticária, infecções oculares e inflamação do umbigo.

Trachyspermum ammi

Constituintes fitoquímicos: Timol, carvacrol, p-cimeno, limoneno com γ e β-terpinenos, α e β-pineno e terpineno-4-ol.

Utilizações: Os frutos são pungentemente aromáticos, amargos, tónicos, anti-sépticos, antiespasmódicos, diaforéticos, digestivos, diuréticos, expectorantes, efeitos antiagregantes, anti-helmínticos, anti-hiperlipidémicos, antifilariais, insecticidas, moluscicidas, repelentes de mosquitos e nematicidas. Internamente, é útil para curar várias doenças como constipação, tosse e irritação da garganta, gripe, asma, diarreia, cólera, cólicas, indigestão, pedras nos rins, edema, artrite e reumatismo.

Recolha e extração de material vegetal:

No presente estudo, foram utilizadas quinze especiarias e ervas aromáticas pertencentes a diferentes famílias para determinar a potencial atividade antioxidante em termos da presença de %TPC.

As plantas utilizadas no presente estudo foram *Anethum sowa* Roxb ex Fleming, *Cinnamomum zeylanicum* Blume, *Cinnamomum tamala* Nees & Eberm, *Citrus sinensis* Osbek, *Coriandrum sativum* L, *Cuminum cyminum* L, *Cymbopogon caesius* (Nees et Hook et Arn) Stapf, *Elettaria cardamomum* (L) Maton, *Foeniculum vulgare* Mill, *Illicium verum* Hook f, *Mentha piperita* L, *Myristica fragrans* Houtt, *Ocimum sanctum* L, *Santalum album* L e *Trachyspermum ammi* (L) Sprague ex Turrill. O material vegetal para o estudo foi adquirido nos mercados locais do Estado de Gujarat.

As ervas recolhidas foram secas à sombra. O material vegetal seco foi triturado até se tornar um pó fino com a ajuda de um moinho de mistura doméstico.

O medicamento em pó foi então submetido à extração por solvente. Como o hexano é um solvente não polar, pode muito bem dissolver e extrair componentes voláteis do óleo como os monoterpenos. Assim, todo o pó da planta foi extraído em hexano na proporção de 10 gm de pó vs. 100 ml de solvente com agitação ocasional.

O pó foi então deixado de molho no solvente durante uma noite num erlenmeyer hermético. O conteúdo foi filtrado através de papel de filtro Whatman n.º 1 e concentrado ao ar até à evaporação de todo o solvente. O extrato foi subsequentemente recolhido num frasco de vidro e o peso seco de cada extrato foi registado (Quadro 3).

Todos os extractos foram então submetidos ao rastreio da atividade antioxidante seguindo protocolos normalizados (Figura 1). Os produtos químicos utilizados eram de grau puro e analítico.

O procedimento pormenorizado do ensaio antioxidante *in vitro* é mencionado na Figura 1. As leituras foram efectuadas em seis réplicas para cada amostra. A média e o erro padrão foram calculados (Quadro 3). O ácido gálico foi utilizado como composto padrão e foi preparada uma curva padrão para referência posterior. O valor IC_{50} foi calculado para o ácido gálico padrão, representando a concentração dos compostos que causou 50% de inibição/atividade antioxidante. Assim, a %TPC medida durante o ensaio é representada como GAE (Equivalente de ácido gálico).

Análise da atividade antioxidante:

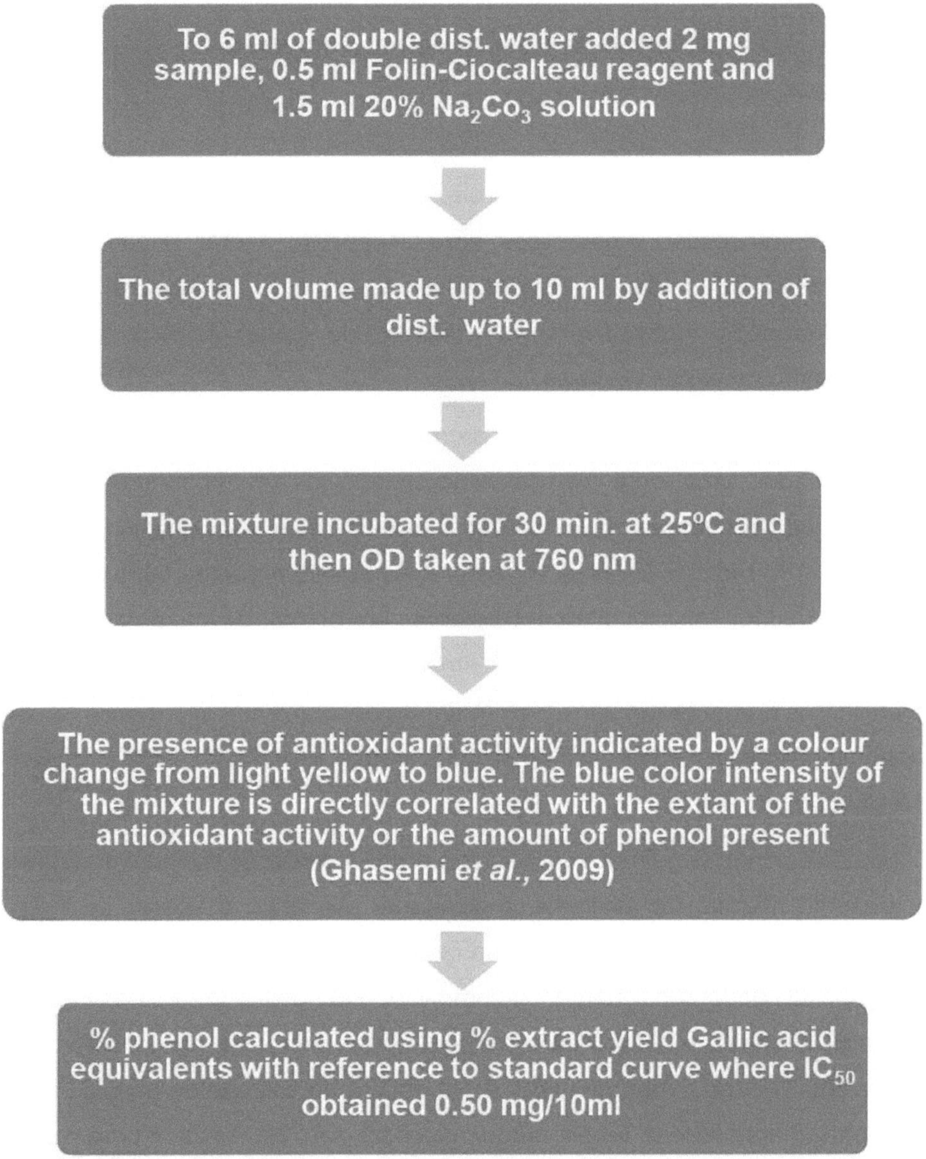

To 6 ml of double dist. water added 2 mg sample, 0.5 ml Folin-Ciocalteau reagent and 1.5 ml 20% Na_2Co_3 solution

The total volume made up to 10 ml by addition of dist. water

The mixture incubated for 30 min. at 25°C and then OD taken at 760 nm

The presence of antioxidant activity indicated by a colour change from light yellow to blue. The blue color intensity of the mixture is directly correlated with the extant of the antioxidant activity or the amount of phenol present (Ghasemi *et al.*, 2009)

% phenol calculated using % extract yield Gallic acid equivalents with reference to standard curve where IC_{50} obtained 0.50 mg/10ml

Figura 1. Estimativa do teor de fenóis totais pelo método de Folin-Ciocalteau

Está provado em estudos anteriores que os radicais livres gerados no corpo durante os processos metabólicos normais podem alterar negativamente muitas moléculas biológicas cruciais, levando à perda de forma e função. Estas alterações indesejáveis nos tecidos do corpo podem levar ao aparecimento de várias doenças.

As plantas medicinais, as plantas aromáticas, as ervas aromáticas e as especiarias são uma fonte importante de metabólitos secundários de plantas (PSM), que frequentemente apresentam uma atividade antioxidante de eliminação de radicais livres. A concentração destes produtos químicos e as suas propriedades físicas diferem de planta para planta. Devido à variação na sua composição química e mecanismo de ação, encontrar a atividade antioxidante é uma tarefa complexa. A fim de encontrar um tipo específico de efeito antioxidante, podem ser utilizados vários ensaios *in vitro* e *in vivo* (Mirghani *et al.*, 2012).

Foram selecionadas quinze especiarias e ervas aromáticas (Quadro 1, 2) para o presente rastreio da atividade antioxidante utilizando o ensaio de Folin-Ciocalteu (Figura 1). Os resultados do rastreio revelaram a presença de uma potencial atividade antioxidante, tal como indicado no Quadro 3 e nas Figuras 4, 5 e 6. O ensaio mostra uma mudança de cor com base na concentração relativa de TPC no extrato testado. A cor escura da solução de ensaio indica uma boa quantidade de fenóis, enquanto a cor azul clara indica uma menor quantidade de fenóis (Figura 3, 4). A DO (densidade ótica) foi detectada utilizando o espetrofotómetro UV-VIS (Figura 2).

Isolamento de Metabolitos Bioactivos de Plantas:

Atualmente, a extração e a caraterização de compostos bioactivos de metabolitos secundários de várias plantas tradicionalmente utilizadas resultaram na descoberta de vários novos medicamentos com elevado valor terapêutico (Saeed *et al.,* 2012). Entre todos os PSMs; os compostos fenólicos são omnipresentes e são poderosos antioxidantes (Narayanaswamy e Balakrishnan, 2011).

A importância da realização de estudos fitoquímicos, não só é utilizada para a caraterização química, mas também é importante para relacionar os conteúdos químicos com propriedades funcionais específicas (Sacchetti *et al.,* 2005). Os metabolitos antioxidantes das plantas podem ser extraídos submetendo o material vegetal à extração com solventes orgânicos. A percentagem de rendimento da extração depende e aumenta com o tamanho das partículas da amostra, a temperatura e a proporção de solvente e extração da amostra (Huda-Faujan *et al.,* 2009). O filtrado é concentrado e o extrato obtido é analisado para determinar uma possível atividade antioxidante.

O método do fosfomolibdénio ou método Folin-Ciocalteu detecta geralmente antioxidantes como o ácido ascórbico, alguns fenólicos, polifenóis, aminas aromáticas, glutationa, cisteína, α-tocoferol e carotenóides através da sua capacidade de doação de hidrogénio e electrões (Sangeetha *et al.,* 2010). Estes compostos sofrem uma reação redox complexa com os ácidos fosfotúngstico e fosfomolíbdico presentes no reagente de Folin-Ciocalteu (Ghafar *et al.*, 2010).

Atividade de eliminação de radicais livres dos fenólicos:

Os compostos fenólicos, como os ácidos fenólicos, os flavonóides e as catequinas, são muito essenciais para o desenvolvimento das plantas e desempenham um papel significativo nos seus mecanismos de defesa, fornecendo defesa contra ataques microbianos e tornando os alimentos intragáveis para os predadores herbívoros (Apak *et al.*, 2007). Os antioxidantes fenólicos presentes nas ervas têm a capacidade de reduzir a peroxidação lipídica, prevenir danos oxidativos no ADN e eliminar espécies reactivas de oxigénio (ROS) como o superóxido, o peróxido de hidrogénio e os radicais hidroxilo (Yoo *et al.*, 2008).

Figura 2. Espectrofotómetro UV-VIS (Elico) Instrumento utilizado para determinar a DO (densidade ótica) das amostras testadas

As plantas aromáticas exibem um efeito antioxidante devido à presença de grupos hidroxilo nos seus compostos fenólicos (Juki *et al.*, 2006). Outros compostos estruturalmente semelhantes aos fenólicos das plantas são os terpenóides, que têm uma composição complexa de hidrocarbonetos e compostos oxigenados. Estão sobretudo presentes em partes de plantas aromáticas e são também referidos como óleos essenciais (Souri *et al.*, 2008).

Os compostos fenólicos são omnipresentes no reino vegetal, mas a sua distribuição a nível celular, intracelular e tecidular é diferente. Geralmente, os fenólicos hidrofóbicos encontram-se na parede celular e conferem resistência mecânica à célula, enquanto os fenólicos hidrofílicos se encontram nos vacúolos e ajudam a célula a reduzir o stress e os ataques patogénicos. Nas plantas, desempenham diversas funções fisiológicas, como participar no processo de crescimento e desenvolvimento, composição, formação de pigmentos, polinização e resistência a agentes patogénicos e herbívoros, etc. (Saeed *etal.*, 2012).

Os compostos fenólicos sofrem uma reação redox complexa com os ácidos fosfotúngstico e fosfomolíbdico presentes no reagente de Folin-Ciocalteu (Ghafar *et al*, 2010). Desta forma, desenvolve-se uma cor azul na mistura de reação. A intensidade da cor azul é proporcional à presença de um agente redutor antioxidante. Ao medir a DO da solução, pode calcular-se a quantidade de fenóis totais. No presente estudo, os extractos de diferentes plantas apresentaram diferentes quantidades de %TPC, como indicado nas Figuras 3 e 4.

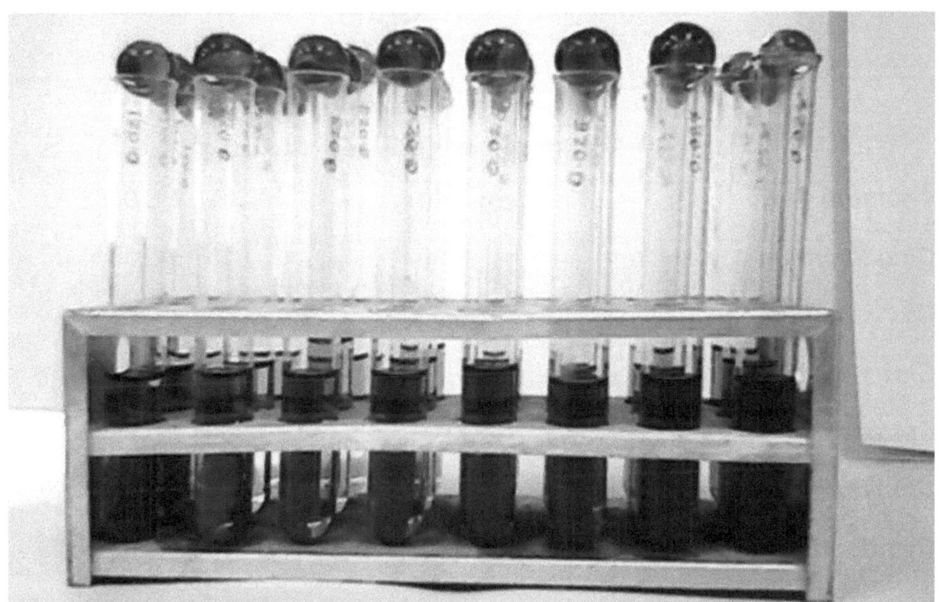

Figura 3. Boa quantidade de atividade antioxidante exibida pela cor azul

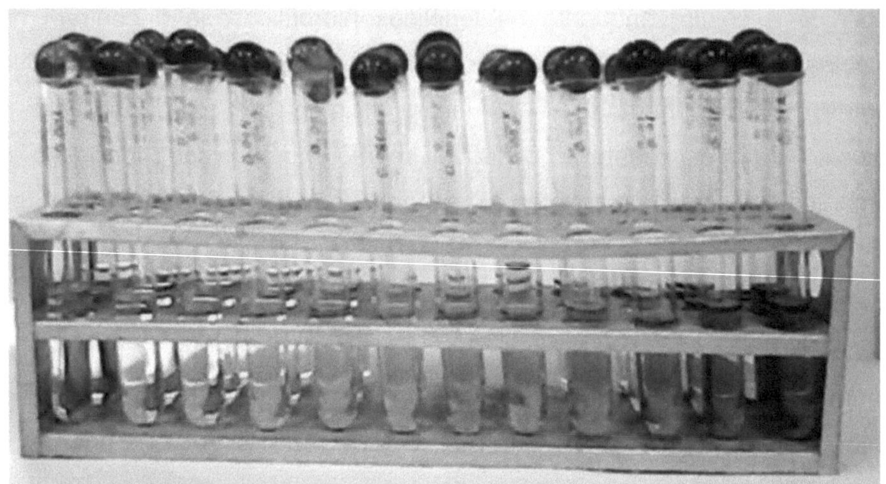

Figura 4. Atividade antioxidante média/intermédia exibida pela cor azul escura durante o ensaio

Tabela 3. Plantas extraídas em hexano e testadas quanto ao teor de % de fenol total

Plantas	% Rendimento do extrato*	% Fenol
Anethum sowa	5.40	0.0675 ± 0.0082
Cinnamomum zeylanicum	2.90	0.0157 ± 0.0041
Cinnamomum tamala	3.53	0.0072 ± 0.0010
Citrus sinensis	1.70	0.0055 ± 0.0001
Coriandrum sativum	2.24	0.0051 ± 0.0005
Cuminum cyminum	5.98	0.0657 ± 0.0034
Cymbopogon caesius	3.41	0.0133 ± 0.0031
Elettaria cardamomum	5.46	0.0158 ± 0.0011

Foeniculum vulgare	5.97	0.0865 ± 0.0061
Illicium verum	7.80	0.0481 ± 0.0023
Mentha piperita	3.55	0.0271 ± 0.0017
Myristica fragrans	24.52	0.1859 ± 0.0116
Ocimum sanctum	4.15	0.2666 ± 0.0071
Santalum album	1.07	0.0009 ± 0.0001
Trachyspermum ammi	12.35	0.7147 ± 0.0836

[Nota: * representa g de extrato/100g de pó seco].

Rendimento do extrato:

No presente estudo, o maior rendimento do extrato foi obtido com a planta *Myristica fragrans* em solvente hexano. Plantas como *Trachyspermum ammi, Illicium verum, Cuminum cyminum, Foeniculum vulgare, Elettaria cardamomum, Anethum sowa, Ocimum sanctum*, etc. também forneceram um bom rendimento de extrato (quadro 3).

%TPC:

No presente estudo, todos os extractos de hexano analisados mostraram a presença de teor de fenol no ensaio Folin-Ciocalteau para a estimativa do teor de fenol total (TCP) (Quadro 3, Figura 4, 5, 6).

Uma boa quantidade de % de teor de fenol total foi relatada para o extrato *de Trachyspermum ammi* (0,7147 ± 0,0836 GAE), seguido por extractos de *Ocimum sanctum* (0,2666 ± 0,0071 GAE), *Myristica fragrans* (0,1859 ± 0,0116 GAE) e *Foeniculum vulgare* (0,0865 ± 0,0061 GAE).

Os extractos de *Anethum sowa* (0,0675 ± 0,0082), *Cuminum cyminum* (0,0657 ± 0,0034 GAE) e *Illicium verum* (0,0481 ± 0,0023 GAE) também apresentaram uma quantidade apreciável de %TPC (Figura 6).

O presente trabalho evidencia muito bem que as ervas e especiarias selecionadas possuem componentes activos de eliminação de radicais livres.

Assim, os resultados do presente trabalho de investigação sugerem que as plantas selecionadas podem ser utilizadas como uma fonte bio-segura de potenciais antioxidantes, como agente conservante natural na indústria alimentar e como agente de cura de doenças em preparações farmacológicas.

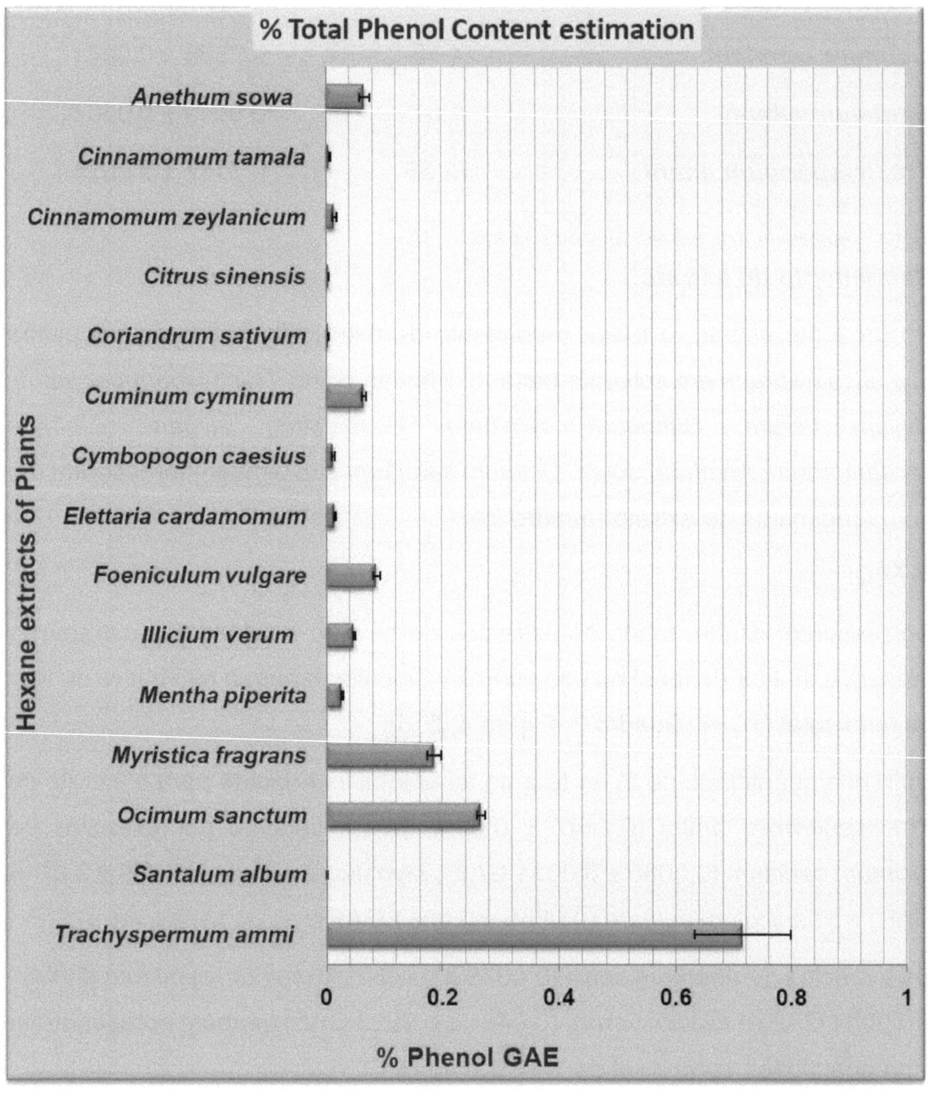

Figura 4. Conta comparativa dos extractos com a percentagem de teor

de fenóis totais obtida pelo método de Folin-Ciocalteau

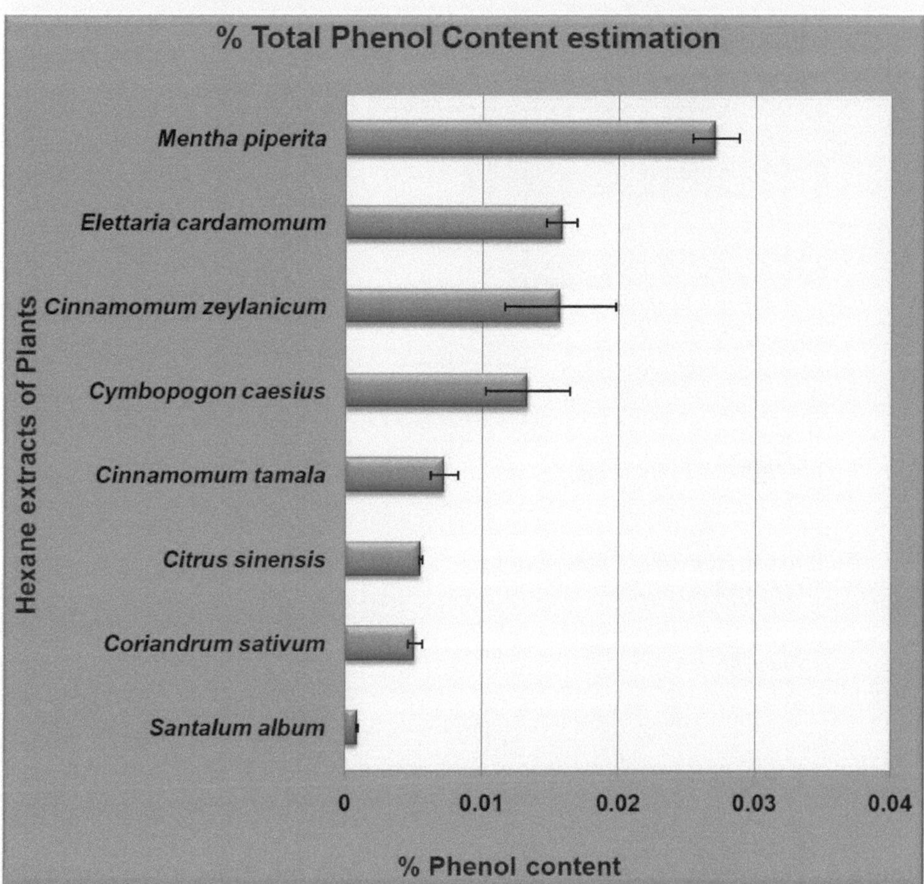

Figura 5. Visualização gráfica dos extractos que mostram a presença de uma quantidade intermédia de atividade antioxidante

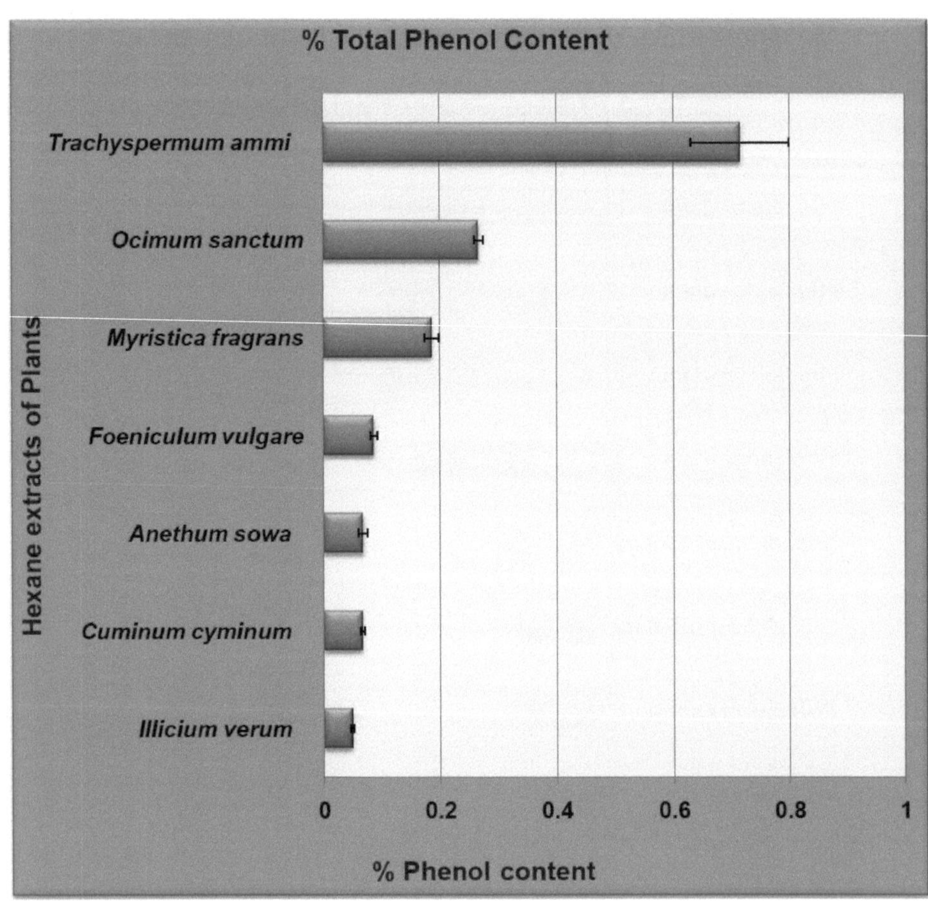

Figura 6. Visualização gráfica dos extractos que mostram a presença de uma boa quantidade de atividade antioxidante

Efeito neutralizador dos antioxidantes sobre os danos nas células do corpo:

Atualmente, devido às alterações climáticas, surgiu a questão da ocorrência de novas doenças. As pessoas também se tornaram conscientes em relação à saúde e, por conseguinte, optaram por uma fonte de medicina alternativa à base de plantas. Os medicamentos à base de plantas provaram ser um tratamento potencial para várias doenças na ayurveda e noutros sistemas de medicina tradicional. Muitos PSM podem pôr termo à propagação de reacções em cadeia dos radicais livres, impedir os processos destrutivos causados pelo stress oxidativo e, assim, proteger o corpo humano do aparecimento de várias doenças. Assim, nesta direção, há um interesse crescente em encontrar novas fontes de fitoquímicos antioxidantes com elevado valor terapêutico (Mirghani *et al.*, 2012). Para o efeito, foi investigado um vasto número de plantas medicinais relativamente às suas propriedades antioxidantes (Saeed *et al.*, 2012).

Vários estudos epidemiológicos e *in vitro* sobre plantas medicinais, frutos e produtos hortícolas provaram que os metabolitos antioxidantes das plantas oferecem proteção contra o stress oxidativo e proporcionam benefícios para a saúde do organismo (Souri *et al*, 2008). Também foram relatadas actividades antioxidantes, antitumorais, antivirais e antibióticas notáveis para os fenóis de plantas, que são considerados princípios activos de numerosos medicamentos populares à base de plantas (Bhakta e Ganjewala, 2009).

Pensa-se que os fenóis e polifenóis vegetais presentes nas frutas e nos legumes desempenham um papel importante na saúde a longo prazo e na redução do risco de doenças crónicas e degenerativas. Assim, considerando os benefícios exibidos por estes produtos naturais para a saúde humana, os cientistas recomendaram a ingestão regular de alguns alimentos e bebidas típicos derivados de plantas nas dietas quotidianas (Apak *et al*, 2007). Assim, a presença destes compostos na dieta regular pode ser benéfica para a saúde humana, reduzindo a incidência de cancro e de doenças cardiovasculares (Markowicz *et al*, 2007; Khodaparast e Dezashibi, 2007).

Assim, os radicais livres estão envolvidos na etiologia de um grande número de doenças graves. Diferentes antioxidantes actuam a vários níveis, contrariando assim os efeitos nocivos causados pelos radicais livres. Os componentes dietéticos e outros componentes das plantas são as principais fontes de antioxidantes benéficos.

No presente estudo, um total de quinze extractos de plantas foram analisados quanto à presença de atividade antioxidante utilizando o ensaio Folin-Ciocalteau para a estimativa do teor de fenóis totais (TCP).

No estudo, todos os extractos de hexano demonstraram a presença de fenóis antioxidantes. Plantas como *Trachyspermum ammi, Ocimum sanctum, Myristica fragrans, Foeniculum vulgare, Anethum sowa, Cuminum cyminum* e *Illicium verum* apresentaram uma boa quantidade de %TPC no ensaio Folin-Ciocalteau. Outras plantas utilizadas no estudo também apresentaram uma quantidade apreciável de % de fenóis totais.

O estudo efectuado com as especiarias habitualmente utilizadas na Índia revelou que estas possuem fenóis benéficos. Assim, os dados constituem o trabalho de base e podem ser utilizados para a investigação e o desenvolvimento futuros da fitomedicina como agente protetor do corpo e também para combater as doenças.

Capítulo 8. Referências

- Aluyor EO e Ori-Jesu M (2008) A utilização de antioxidantes em óleos vegetais - Uma revisão. *Jornal Africano de Biotecnologia,* 7 (25): 4836 -4842.

- Apak R, Guclu K, Demirata B, Ozyurek M, Celik SE, Bektasoglu B, Berker KI e Ozyurt D (2007) Avaliação comparativa de vários ensaios de capacidade antioxidante total aplicados a compostos fenólicos com o ensaio CUPRAC. *Molecules,* 12: 1496 -1547.

- Aqil F, Ahmad I, Mehmood Z (2006) Propriedades antioxidantes e de eliminação de radicais livres de doze plantas medicinais indianas tradicionalmente utilizadas. *Jornal Turco de Biologia,* 30: 177 -183.

- Bhakta D e Ganjewala D (2009) Effect of leaf positions on total phenolics, flavonoids and proantho-cyanidins content and antioxidant activities in *Lantana Camara* (L). *Jornal de Investigação Científica,* (2): 363 - 369.

- Dai J e Mumper RJ (2010) Fenólicos de plantas: Extração, análise e suas propriedades antioxidantes e anticancerígenas. *Molecules,* 15: 7313 -7352.

- Devasagayam TPA, Tilak JC, Boloor KK, Sane KS, Ghaskadbi SS, Lele RD (2004) Free radicals and antioxidants in human health: Current status and future prospects. *JAPI,* 52: 794 -804.

- Ghafar MFA, Prasad KN, Weng KK e Ismail A (2010) Flavonóides, hesperidina, conteúdo fenólico total e actividades antioxidantes de espécies de *citrinos. Jornal Africano de Biotecnologia,* 9 (3): 326 -330.

- Ghasemi K, Ghasemi Y e Ebrahimzadeh MA (2009) Atividade antioxidante, teor de fenóis e flavonóides das cascas e tecidos de 13 espécies de citrinos. *Jornal Paquistanês de Ciências Farmacêuticas,* 22 (3): 277 -281.

■ Huda-Faujan N, Noriham A, Norrakiah AS e Babji AS (2009) Atividade antioxidante de extractos metanólicos de plantas contendo compostos fenólicos. *Jornal Africano de Biotecnologia,* 8 (3): 484 -489.

■ Juki M, Politeo O, e Milo M (2006) Composição química e efeito antioxidante das agliconas voláteis livres da noz-moscada (*Myristica fragrans* Houtt.) em comparação com o seu óleo essencial. *Croatica Chemica Ata,* 79 (2) 209 -214.

■ Kaur C e Kapoor HC (2001) Antioxidants in fruits and vegetables: the millennium's health. *Jornal Internacional de Ciência e Tecnologia Alimentar,* 36: 703 -725.

■ Khalaf NA, Shakya AK, Al-Othman A, El-Agbar Z, Farah H (2008) Antioxidant Activity of Some Common Plants. *Jornal Turco de Biologia,* 32: 51 -55.

■ Khodaparast HMH e Dezashibi Z (2007) Compostos fenólicos e atividade antioxidante dos extractos de folhas de Henna *(Lawsonia Inermis). Jornal Mundial de Laticínios e Ciências Alimentares,* 2 (1): 38 -41.

■ Kitazurua ER, Moreirac AVB, Mancini-Filhoc J, Delince'ed H, Villavicencio ALCH (2004) Effects of irradiation on natural antioxidants of cinnamon *(Cinnamomum zeylanicum* N.). *Radiation Physics and Chemistry,* 71: 37 - 39.

■ Mandal S, Yadav S, Yadav S, Nema RK (2009) Antioxidants: A Review. *Jornal de Investigação Química e Farmacêutica,* 1 (1): 102 -104.

■ Markowicz BDH, Saldanha LA, Catharino RR, Sawaya ACHF, Cunha IBS, Carvalho PO e Eberlin MN (2007) Antioxidantes fenólicos identificados por ESI-MS em extractos de erva-mate *(Ilex paraguariensis)* e chá verde *(Camelia sinensis). Moléculas,* 12: 423 -432.

■ Mirghani MES, Liyana Y e Parveen J (2012) Análise da bioatividade do óleo essencial de capim-limão *(Cymbopogan citratus). Jornal Internacional de Investigação Alimentar,* 19 (2): 569 -575.

■ Misharina TA, Terenina MB e Krikunova NI (2009) Antioxidant Properties of

Essential Oils. *Applied Biochemistry and Microbiology*, 45(6): 642 -647.

■ Nahar L, Ripa FA, Rokonuzzaman, Alim Al-Bari MA (2009) Investigação sobre as actividades antioxidantes de seis plantas indígenas do Bangladesh. *Jornal de Investigação em Ciências Aplicadas*, 5(12): 2285 -2288.

■ Narayanaswamy N e Balakrishnan KP (2011) Avaliação de algumas plantas medicinais relativamente às suas propriedades antioxidantes. *Revista Internacional de Investigação Farmacêutica*, 3(1): 381 -385.

■ Patel e Jasrai (2009) Plant secondary metabolites and their commercial production (Metabolitos secundários de plantas e sua produção comercial). *South Asian Journal of Social and Political Sciences*, 9: 115122.

■ Prakash V, Mishra PK e Mishra M (2009) Screening of medicinal plant extracts for antioxidant activity. *Journal of Medicinal Plants Research*, 3(8): 608 -612.

■ Proestos C, Lytoudi K, Mavromelanidou OK, Zoumpoulakis P e Sinanoglou VJ (2013) Capacidade antioxidante de extractos de plantas selecionados e respectivos óleos essenciais. *Antioxidants*, 2: 11 -22.

■ Sacchetti G, Maietti S, Muzzoli M, Scaglianti M, Manfredini S, Radice M e Bruni R (2005) Avaliação comparativa de 11 óleos essenciais de diferentes origens como antioxidantes funcionais, antirradicais e antimicrobianos em alimentos. *Food Chemistry*, 91: 621 -632.

■ Saeed N, Khan MR e Shabbir M (2012) Atividade antioxidante, conteúdo fenólico total e flavonoide total de extratos de plantas inteiras *Torilis leptophylla* L. *BMC Complementary and Alternative Medicine*, 12 (221): 1 - 12.

■ Samojlik I, Lakic N, Mimica-Dukic N, Akovic-Svajcer K e Bozin B (2010) Antioxidant and Hepatoprotective potential of essential oils of Coriander *(Coriandrum sativum* L.) and Caraway *(Carum carvi* L.) (Apiaceae). *Jornal de Agricultura e Química Alimentar*, 58: 8848 -8853.

■ Sangeetha S, MarimuthuP , Doraisamy P e Sarada DVL (2010) Avaliação da atividade antioxidante da fração antimicrobiana de *Sphaeranthes indicus*. *Jornal Internacional de Biologia Aplicada e Tecnologia Farmacêutica*, I (2): 431 -436.

■ Sharma SK, Singh L e Singh S (2013) Uma revisão sobre plantas medicinais com potencial antioxidante. *Jornal Indiano de Investigação em Farmácia e Biotecnologia*, 1(3): 404 -409.

■ Singh G, Maurya S, Catalan C e Lampasona MPD (2004) Chemical Constituents, Antifungal and Antioxidative Effects of Ajwain Essential Oil and Its Acetone Extract. *Journal of Agriculture and Food Chemistry*, 52: 3292 - 3296.

■ Souri E, Amin G, Farsam H e Barazandeh TM (2008) Rastreio da atividade antioxidante e do teor fenólico de 24 extractos de plantas medicinais. *DARU*, 16 (2): 83 -87.

■ Wu N, Fu K, Fu YJ, Zu YG, Chang FR, Chen YH, Liu XL, Kong Y, Liu W e Gu CB (2009) Actividades antioxidantes de extractos e componentes principais de folhas de feijão-frade *(Cajanus cajan* (L.) Millsp.). *Molecules*, 14: 1032 - 1043.

■ Yoo KM, Lee CH, Lee H, Moon B, Lee CY (2008) Actividades antioxidantes e citoprotectoras relativas de ervas comuns. *Food Chemistry*, 106: 929 -936.

I want morebooks!

Buy your books fast and straightforward online - at one of world's fastest growing online book stores! Environmentally sound due to Print-on-Demand technologies.

Buy your books online at
www.morebooks.shop

Compre os seus livros mais rápido e diretamente na internet, em uma das livrarias on-line com o maior crescimento no mundo! Produção que protege o meio ambiente através das tecnologias de impressão sob demanda.

Compre os seus livros on-line em
www.morebooks.shop

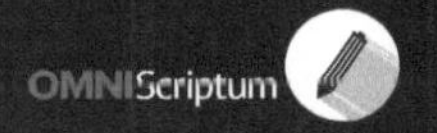

Printed by Books on Demand GmbH, Norderstedt / Germany